故宫博物院宣传教育部 / 编

哇！故宫的二十四节气·春

春分

中信出版集团 · 北京

哇！故宫的二十四节气 · 春 · 春分

编　　者：故宫博物院宣传教育部
策 划 人：闫宏斌　果美侠　孙超群
特约编辑：姜倩倩
策划出品：御鉴文化（北京）有限公司
出版发行：中信出版集团股份有限公司
（北京市朝阳区惠新东街甲 4 号富盛大厦 2 座　邮编 100029）
承 印 者：北京利丰雅高长城印刷有限公司

策 划 方：故宫博物院宣传教育部
出 品 方：御鉴文化（北京）有限公司

出　　品：中信儿童书店
策　　划：中信出版 · 知学园
策划编辑：鲍　芳　杜　雪　宋雪薇
装帧设计：魏　磊　谢佳静　周艳艳
绘画编辑：董　瑾　李丽娅　祝可新
营销编辑：张　超　隋志萍　杜　芸

春雨惊春清谷天，
夏满芒夏暑相连，
秋处露秋寒霜降，
冬雪雪冬小大寒。

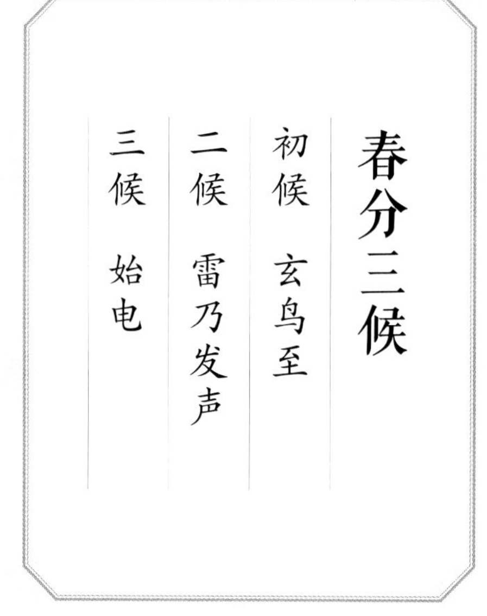

本书关于二十四节气、七十二物候的内容，主要参考了《逸周书·时训解》。它依立春至大寒二十四节气顺序阐释每个节气的天气变化和应出现的物候现象。

故事人物介绍

人物：骑凤仙人

特点：老顽童，爱吃又爱玩。

形象来源：故宫屋脊仙人——骑凤仙人，可骑凤飞行、逢凶化吉。

人物：龙爷爷

特点：智慧老人，爱打瞌睡。

形象来源：故宫屋脊小兽——龙，传说中的神奇动物，能呼风唤雨，寓意吉祥。

人物：凤娇娇

特点：高贵冷艳的大姐姐，有个性。

形象来源：故宫屋脊小兽——凤，即凤凰，传说中的百鸟之王，祥瑞的象征。

人物：狮威威

特点：勇猛威严，爱逞强。

形象来源：故宫屋脊小兽——狮子，传说中的兽王，威武的象征。

人物：海马游游

特点：天真外向的机灵鬼，话多。

形象来源：故宫屋脊小兽——海马，身有火焰，可于海中遨游，象征皇家威德可达海底。

人物：天马飞飞

特点：精明聪敏，有些张扬。

形象来源：故宫屋脊小兽——天马，有翅膀，可在天上飞行，象征皇家威德可通天庭。

人物：押鱼鱼

特点：乖巧爱美，胆小内向。

形象来源：故宫屋脊小兽——押鱼，传说中的海中异兽，身披鱼鳞，有鱼尾，可呼风唤雨、灭火防灾。

人物：狻大猊

特点：安静腼腆，呆头呆脑。

形象来源：故宫屋脊小兽——狻（suān）猊（ní），传说中能食虎豹的猛兽，形象类狮，也象征威武。

人物：獬小豸

特点：公正热心，为人直率。

形象来源：故宫屋脊小兽——獬（xiè）豸（zhì），传说中的独角猛兽，是皇帝正大光明、清平公正的象征。

人物：斗牛牛

特点：耿直果断，脾气大。

形象来源：故宫屋脊小兽——斗（dǒu）牛，传说中的一种龙，牛头兽态，身披龙鳞，是消灾免祸的吉祥物。

人物：猴小什

特点：多才多艺，脸皮厚。

形象来源：故宫屋脊小兽——行（háng）什（shí）。传说中长有猴面、生有双翅、手执金刚杵的神，可防雷火、消灾免祸。

人物：格格和小阿哥

特点：格格知书达理，求知欲强，争强好胜。

小阿哥生性好动，古灵精怪，想法如天马行空。

春分这天，骑凤仙人闷得慌。他看到小伙伴们在一起玩耍，便提议在坤宁宫前办一场比赛，大家都表示赞同。

第一项比赛是放风筝。比赛开始，小伙伴们兴致勃勃，各自的风筝也都飞得高高的。

骑凤仙人说："大家的风筝都飞得很高！可是谁的风筝最高呢？"

大家纷纷喊道："我的！我的！"

獬小豸仔细看过之后说：“天马飞飞的风筝飞得最高！”

骑凤仙人自言自语：“若是我参加比赛，第一名哪有你们的份儿。”

第二项比赛是 “竖蛋”。

这是春分时节的一个传统习俗。

比赛一开始，獬小豸就把鸡蛋竖了起来。

大家发出一阵惊呼：“哇！”

这一项比赛自然是獬小豸赢了。

第三项比赛是知识抢答。

骑凤仙人指着天空问道："太阳每天从哪边升起，从哪边落下？"

格格抢着说："从文华殿升起，从武英殿落下。"

獬小豸补充道："对，太阳每天从东边升起，从西边落下。"

骑凤仙人说："不错，那你们知道春分这天，太阳从升到落要花多长时间吗？"

小伙伴们你看看我，我看看你，都摇了摇头。

骑凤仙人一双眼睛滴溜溜地打转，见没人回答就解释道："春分这天，白天和黑夜一样长，所以太阳从升起到落下刚好是一天时间的一半（12 小时）。"

格格问："那是怎么知道白天和黑夜是一样长的呢？"

骑凤仙人得意地说："这就需要用到一个神奇的工具啦！"

骑凤仙人带他们来到太和殿。殿前有一个圆盘。

他手指圆盘，解释说：“这是日晷（guǐ），通过看圆盘上指针的影子，我们就可以分辨时间，自然能判断出白天的时长。以后你们要多找我玩儿，我有好多有趣的事情可以讲给你们听！”

回去的路上，大家发现宫墙上站着一排鸟。

骑凤仙人问：“谁知道这是什么鸟？”

格格抢答：“是燕子，它们从遥远的南方飞回来了。”

这时，天空划过一道光，燕子都飞走了。

小阿哥害怕地说：“又要打雷啦！”

“不用害怕，那不是闪电，是我飞得太快闪的光！小心谨慎不懈怠，避免雷电的伤害，和大吻哥哥一起，给你们足够关爱！”及时出现的猴小什唱道。

小阿哥歪着头问：“大吻哥哥是谁啊？”

猴小什骄傲地拍了拍屋顶上的大吻说：“就是他啊，大吻和我一样能避雷火！”

“节气变化多又多，大家一起乐呵呵。”格格开心地笑了。

坤宁宫

坤宁宫是内廷后三宫之一，明代为皇后寝宫，清代改建为萨满教祭祀的主要场所。

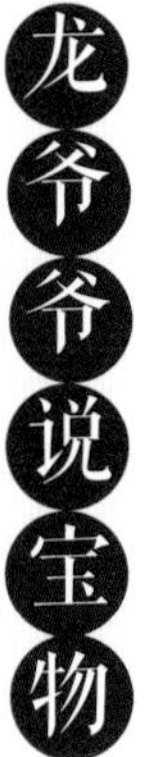

风筝

这件纸制龙形风筝，长 13 米，宽 2.7 米，是宫廷游戏用品。龙头硕大、造型威严，龙须浓密修长、潇洒别致。龙眼可活动，给风筝增加了灵气。龙身修长，附有蓝色鳞片，图案清新。内部以细绳相连，结构细密。龙爪造型如波轮，虬（qiú）劲有力。

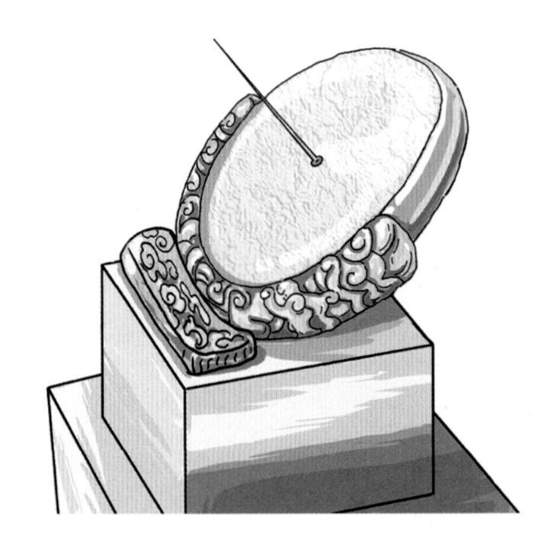

日晷

日晷是测量时间的工具，晷盘周围有刻度，中心装有金属晷针。在不同时刻，晷针影子长短及所处刻度不同，据此可确定时间。古人认为，只要把握了时间的度量，就掌握了天道的运行规律。故宫太和殿前的日晷增设于乾隆九年（1744年）。在这里，它不只是确定时间的工具，更是皇权的象征。

春分在每年的 3 月 20 日或 21 日。春分时，太阳光几乎直射赤道，此后直至夏至，北半球的白天越来越长，夜晚越来越短。因此，春分意味着昼夜各占一天的一半，也意味着春季已过半。民间有“春分秋分，昼夜平分”和“吃了春分饭，一天长一线”的说法。

二十四节气古诗词——春分

仲春郊外

◎唐 王勃

东园垂柳径，西堰落花津。

物色连三月，风光绝四邻。

鸟飞村觉曙，鱼戏水知春。

初晴山院里，何处染嚣尘。

作者：王勃，字子安。唐代文学家。

诗词大意：信步前往东园，路边垂柳枝条随风摆动，西坝渡口也是落花缤纷，处处春意盎然。此处的幽雅景致是周围所没有的，这样的好风光已连续多月了。天刚亮，村子里的小鸟就在上空盘旋，叽叽喳喳叫不停。人们伴着悦耳的鸟叫声迎来新的一天。看着水中嬉戏的鱼儿，人们便知道春天来了。在刚刚雨过天晴的山间庭院中，感受着明净的春色，哪里会染上喧闹的俗尘呢？

放风筝

春分时节，气压低，尤其是北方，常有大风，正是放风筝的好时候。小伙伴们牵着风筝迎着风跑，看着飞得高高的风筝，成就感油然而生。

吃春菜

“春分吃春菜”是春分日的习俗，只是南北方的春菜各有不同。岭南地区的“春菜”是一种野苋菜，生长于田野间，多为嫩绿色，约有巴掌大小。人们将采回的春菜与鱼片一起炖煮，名曰“春菜汤”。北方京津一带的春菜指的是莴苣属的一种蔬菜。

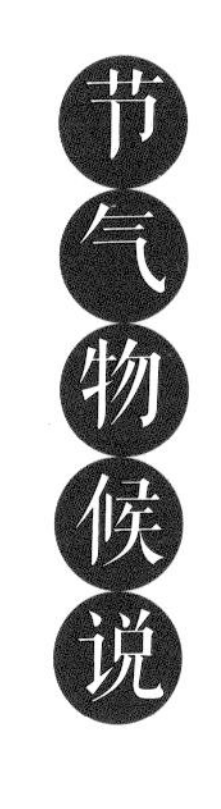

春分三候

初候　玄鸟至

燕子从南方飞回来。

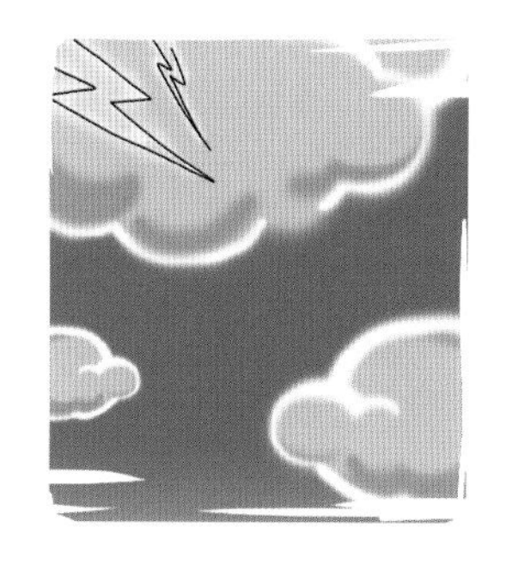

二候　雷乃发声

下雨时开始打雷，雷声隆隆作响。

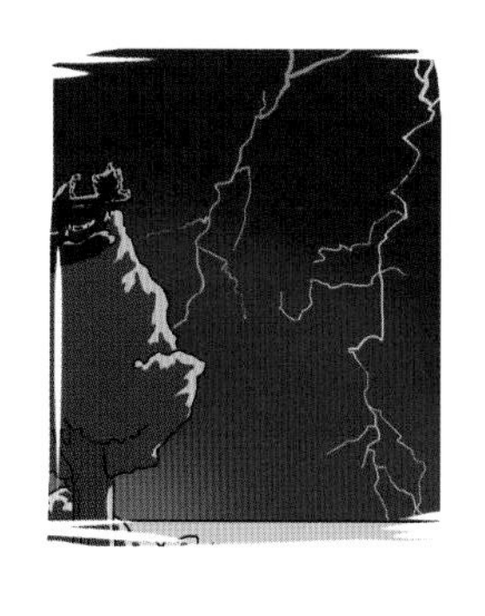

三候　始电

下雨时，不仅打雷，还有闪电划过天空。

承乾宫 · 3月

梨花

AR重现恢宏古建

扫描二维码下载 App

⇩

打开 App

⇩

点击“AR 故宫”

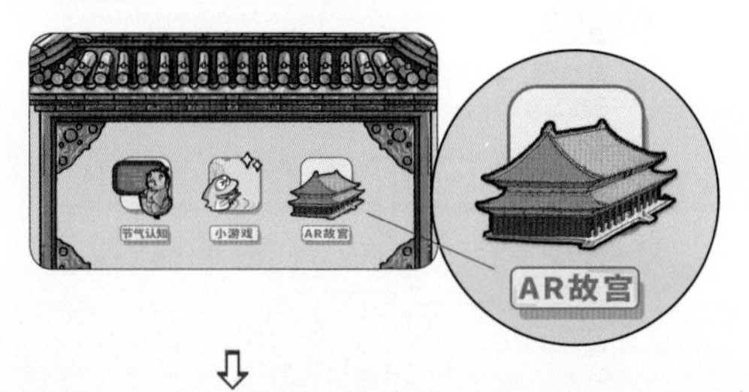

⇩

扫描下方建筑 —— 坤宁宫

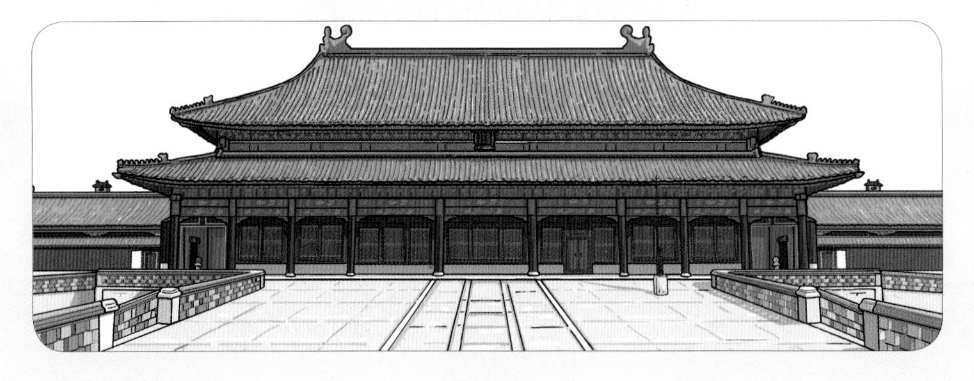